疯狂的生物

生物

动物

洋洋兔·编绘

科学普及出版社

·北京·

图书在版编目（CIP）数据

疯狂的生物. 动物 / 洋洋兔编绘. -- 北京 : 科学
普及出版社, 2021.6（2024.4重印）
ISBN 978-7-110-10240-4

Ⅰ.①疯… Ⅱ.①洋… Ⅲ.①生物学－少儿读物②动
物－少儿读物 Ⅳ.①Q-49②Q95-49

中国版本图书馆CIP数据核字(2021)第001384号

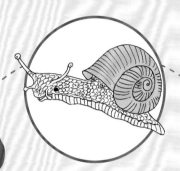

目录

什么是动物

说起动物，你一定再熟悉不过啦！
天上飞的鸟，水中游的鱼，草原上奔跑的野兽，还有花丛中的
小虫子……它们都是动物。

为什么说它们是动物呢？你肯定会说
出一个简单的答案：因为和植物比起来，
它们都会动。

其实，动物和植物有一个根本的不同：动物必须要通过吃东西来获得营养，不能像植物那样，利用光合作用自己生产有机物。

5

有没有脊椎

动物大致可以分为无脊椎动物和脊椎动物。脊椎就
是动物身体里一根由骨头组成的"柱子"。

左边这些是无脊椎动物。

右边这些都是脊椎动物。你吃鱼时，两边长着鱼刺的那根长骨头就是鱼的脊椎。有了脊椎，动物能长得更大。

腔肠动物

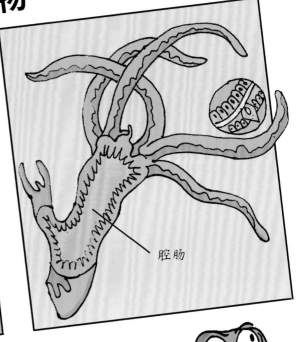

腔肠

名字：腔肠动物

特征：身体辐射对称，体表有刺，有口，无肛门，有一
个与口相连的腔肠。

分布：主要生活在海洋里，陆地上的河流、湖泊中也有
分布。

腔肠动物一般用带刺细胞的触手捕食和防御。捕捉
到的食物会被送进与口相连的腔肠中消化。腔肠动物没
有肛门，食物的残渣要用口吐出去。

最有名的腔肠动物要属珊瑚虫了。
珊瑚虫喜欢挤在一起生活，形成漂
亮的珊瑚。

扁形动物

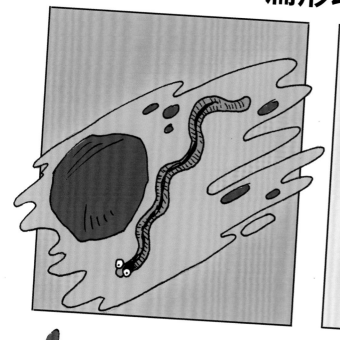

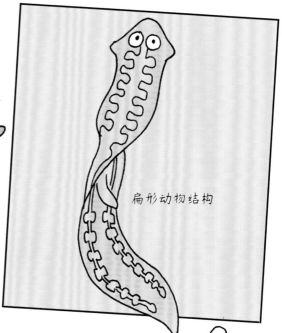

扁形动物结构

名字：扁形动物
特征：身体呈两侧对称，形状是扁平的，
　　　有口，无肛门。
分布：大部分过着寄生生活。

雄虫

幼虫（尾蚴）

卵

幼虫寄生钉螺

幼虫（毛蚴）

血吸虫是扁形动物的代表，它们在水中先钻进其他动物的体内发育，然后又钻进人体内形成成虫并产卵。卵最后又随着粪便，重新进入水里。

线形动物

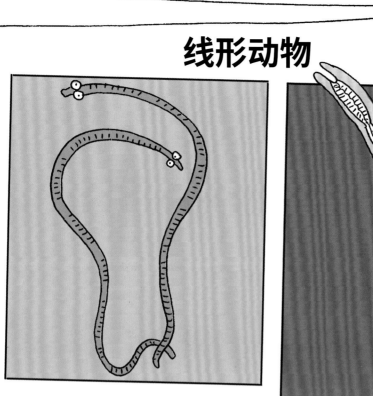

线虫结构

名字：线形动物

特征：身体细长像一条线，呈圆柱形，体表有角质层，有口，有肛门。

分布：大多都喜欢过寄生生活。

线形动物中的蛔虫是一个坏蛋，它会寄生在人体内，让人肚子疼。不干净的水、没有洗的水果甚至到处乱摸的手上都可能会沾有蛔虫卵。

线虫的身体其实是圆柱形的，很多线虫和不少扁形动物一样懒，一样坏，寄生在动物或人的身体里生活。

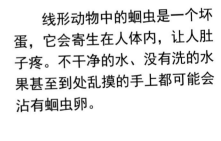

环节动物

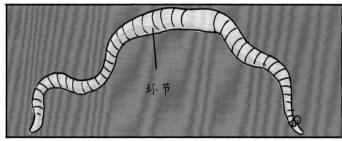

名字：环节动物

特征：身体像一个圆筒，上面由许多彼此相似
　　　的小环节组成，靠刚毛或疣足辅助运动。

分布：喜欢居住在水里或者湿润的土壤里。

　　环节动物的特点就是身体上有很多一节一节的小环节。它们靠肌肉的收缩和舒张来配合刚毛进行移动。

蚯蚓是有名的环节动物。它在土壤里钻来钻去，疏松了土壤，还为植物提供丰富的无机盐。

软体动物

硬壳

软体

名字：软体动物

特征：身体非常柔软，表面大多长有壳。

分布：遍布海洋，少部分生活在陆地水域和湿润的地方。

软体动物是一个庞大的家族，成员超过10万种。

软体动物中也有庞然大物，比如大王乌贼，最长能达到20多米。

救命啊！

节肢动物

分节的身体

名字：节肢动物
特征：骨头长在身体外面，身体和脚都分节。
分布：遍布世界各地。

    节肢动物是动物中的第一大家族，其他所有动物的数量加起来都不到它的一半。它们的身体分成一节一节的，外面还披着像铠甲一样的外骨骼。

看什么？快拉！

节肢动物很多都是大力士。喜欢推粪球的屎壳郎，可以推动比自己重1700倍的东西，好比一个人可以拉动两台50吨的坦克。

这个盒子里有各种昆虫。你了解昆虫吗？

昆虫是一群特别的节肢动物，它们有一对触角、两对翅（有的无翅）、三对足，身体分成头、胸、腹三部分。

马蜂

白蚁

蚊子

蚂蚁

苍蝇

天牛

竹节虫

独角仙

瓢虫

蝗虫

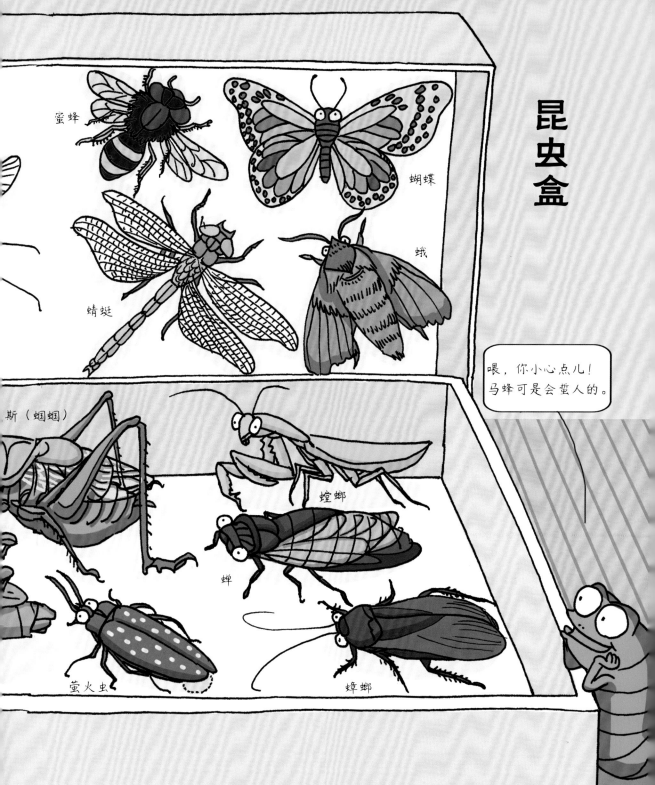

昆虫盒

喂，你小心点儿！马蜂可是会蜇人的。

现在我们一起去认识脊椎动物。

一生离不开水的鱼

脊椎动物有一半以上都是鱼。鱼一辈子都生活在水里，是水中的主人。

鱼通常身披鳞片，长有鱼鳃，会通过摆动尾巴和身体，以及用于保持平衡的鱼鳍来游动。

背鳍

胸鳍

尾鳍

臀鳍

鳞

鳃盖

腹鳍

最不像鱼的鱼类要属海马了。它的头像长嘴巴的马，还有一条长长的、卷曲的尾巴。

17

你有没有去过游泳馆？当你钻到水下时，会因为不能呼吸而感到憋闷，甚至呛水。而鱼却能在水里生活一辈子，你知道这是为什么吗？

这是因为鱼有一个特别的呼吸器官——鳃。鱼呼吸是把水吞进去，经过鳃再流出来。经过鳃时，水里的氧气会被鳃丝吸收，同时会带走鱼产生的二氧化碳。鱼在水里不停地张口吞水，就是在呼吸。

一旦离开水，鱼鳃的鳃丝就像离开水的海藻，黏成一团，不能呼吸。你可以把离开水的鱼比作进入水里的人——同样无法呼吸。

鱼儿鱼儿，咱们来比一比谁坚持得更久。

如果把一个皮球按进水里，手一松，皮球就会被水"推"上来。这是因为水有浮力，水的浮力比皮球的重力大，所以皮球就会浮在水面上。如果给皮球放气，然后灌满水，皮球就会沉下去。

鱼的身体里也有一个装气体的"皮球"，叫作鱼鳔。当鱼想上浮时，就会给鱼鳔充气，使自己的重力小于浮力；想下潜时，就会减少鱼鳔中的气体，让重力大于浮力。

潜水艇设计的灵感就来源于鱼鳔。潜水艇上的水舱就起着鱼鳔的作用：需要下潜时，开舱放进水；需要上浮时，利用压缩空气进行排水。

嘿，我们鱼可是你这个大家伙的师父。

19

水陆两栖的动物

说起两栖动物，你可能会认为，它们既可以在水中生活，又可以在陆地上生活。其实这么理解是不准确的。

两栖动物幼年的时候生活在水里，像鱼一样用鳃呼吸；长大以后，可以在陆地上生活，并且像人一样用肺来呼吸，同时还会用皮肤来辅助呼吸。

青蛙就是两栖动物，在野外的稻田里、池塘边、小溪处，我们经常能看到它。

长出后腿

长出前腿

变成蝌蚪

带尾巴的
小青蛙

尾巴逐渐消失

青蛙的成长

青蛙的卵

成年青蛙

21

爬遍天下的爬行动物

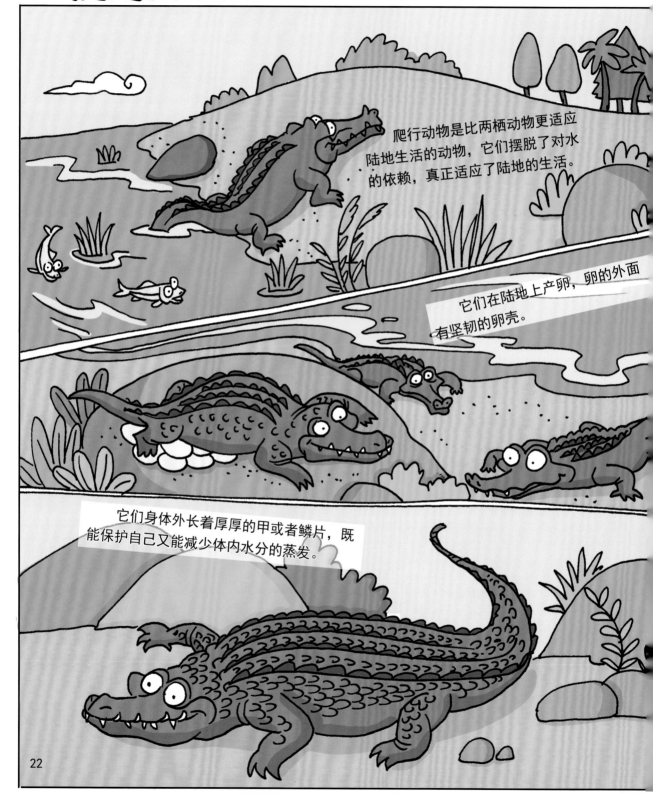

爬行动物是比两栖动物更适应陆地生活的动物，它们摆脱了对水的依赖，真正适应了陆地的生活。

它们在陆地上产卵，卵的外面有坚韧的卵壳。

它们身体外长着厚厚的甲或者鳞片，既能保护自己又能减少体内水分的蒸发。

绝大部分爬行动物都像壁虎一样，长着四条腿，身体可以贴着地面爬行。这就是把它们叫作爬行动物的原因。

嘶！嘶！

不过，蛇是个例外。它没有四肢，浑身上下光溜溜的。走路的时候，整个腹部贴着地面，靠肚皮前进。

这叫画蛇添足。

实际上，蛇的远古祖先也长有四条腿。只不过，它们更喜欢用肚皮来走路。这样，四条腿不仅不能帮忙，反而成了累赘。于是，蛇的腿就慢慢地消失了。

蛇的祖先

我画了这么多条腿。

23

鳄鱼一大早起来晒太阳，你知道为什么吗？

不知道。

爬行动物是变温动物，不能自己调节体温。当周围环境温度高时，它们会"发烧"，需要避暑。如果周围环境温度低，它们的身体会变冷，就要去暖和的地方取暖。

鳄鱼早上起床后需要先晒太阳，然后才能行动自如地去捕猎。

看来它们的身子已经暖和啦！

24

你知道吗？在两亿年前，爬行动物曾经主宰着地球。其中名头最响的一类，叫作恐龙。它们有的块头非常大，达6层楼高；有的长着满嘴尖牙，甚至一口就能咬碎小汽车。

大恐龙，往下看！

主宰天空的鸟类

说起鸟，你肯定不会陌生，它们是天空的王者，可以在蓝天上自由自在地飞翔。不过，并不是所有的鸟都向往天空，有些鸟喜欢在水上生活，还有些鸟喜欢在陆地上奔走。

仔细观察这些鸟，你会发现它们都有一对翅膀，而且身上长满了羽毛；都长着一个尖嘴，但嘴里没有牙齿。

27

鸟类最让你羡慕的是什么？

有了这对大翅膀，我是不是可以飞啦？

当然是可以在空中飞翔啦！

没错，人们羡慕鸟可以飞，也想弄明白其中的奥秘。

首先，它们有一对翅膀。

当然不行。

其次，鸟的骨头里是空心的，充满了空气。这使鸟的体重更轻了，也更便于飞翔。

还有，鸟的身体里有许多与肺相连的气囊。气囊不仅减轻了鸟的体重，还使鸟类具有独特的双重呼吸。它们吸气后，一部分空气存进气囊里，再经由肺排出。这就保证了鸟在飞行时氧气的需求。

鸟没有储存尿和粪便的器官。飞行时，如果它们内急，就会随时大小便，因为这样可以减轻体重。

黑白兀鹫的飞行高度能超过1万米

斑头雁可以飞越珠穆朗玛峰，达到9000米左右高

白头海雕最高可以飞到大约6500米的高空处

海鸟可以飞约6000米高

10000米

空客

9000米

7500米

6000米

4500米

3000米

大部分鸟类飞行高度不超过1500米

1500米

知更鸟

燕

雁

乌鸦

鸟类飞行高度对比图

29

身体披毛的哺乳动物

哺乳动物是我们最熟悉的动物了。家里养的小猫、小狗是哺乳动物，森林里的老虎、野猪是哺乳动物，草原上的狮子、斑马是哺乳动物，海洋里的鲸、海豚是哺乳动物，人类自己也是哺乳动物。

鱼类、两栖类、爬行类和鸟类的后代出生后都是从卵开始成长，而哺乳动物生下来的是发育成形的幼体，然后用乳汁哺育。

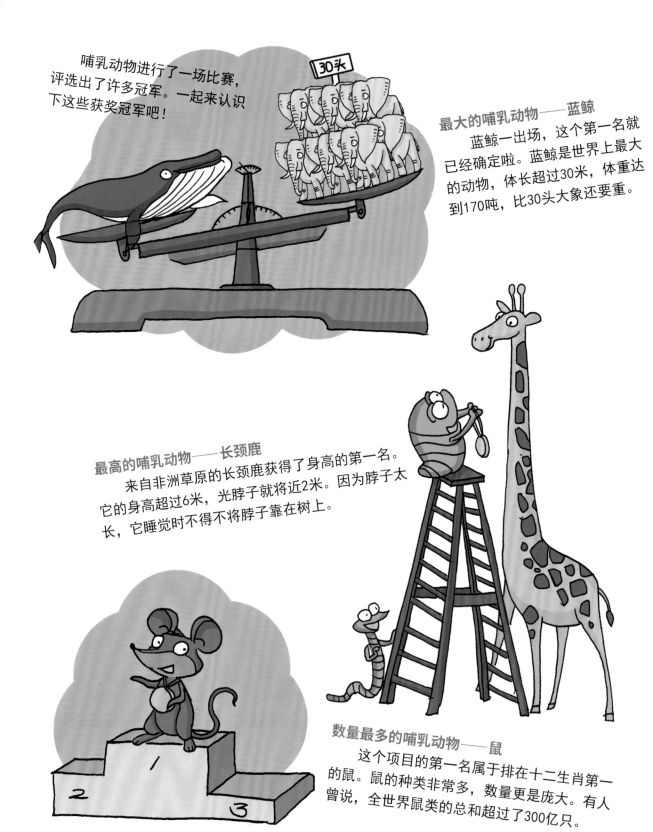

哺乳动物进行了一场比赛，评选出了许多冠军。一起来认识下这些获奖冠军吧！

最大的哺乳动物——蓝鲸
　　蓝鲸一出场，这个第一名就已经确定啦。蓝鲸是世界上最大的动物，体长超过30米，体重达到170吨，比30头大象还要重。

最高的哺乳动物——长颈鹿
　　来自非洲草原的长颈鹿获得了身高的第一名。它的身高超过6米，光脖子就将近2米。因为脖子太长，它睡觉时不得不将脖子靠在树上。

数量最多的哺乳动物——鼠
　　这个项目的第一名属于排在十二生肖第一的鼠。鼠的种类非常多，数量更是庞大。有人曾说，全世界鼠类的总和超过了300亿只。

慢点儿，我可追不上你。

跑得最快的哺乳动物——猎豹

经过一番激烈的比拼，非洲的猎豹选手摘得桂冠。猎豹1秒能跑25米，比速度最快的短跑运动员还要快1倍。

最聪明的哺乳动物——海豚

这个项目的比拼尤其激烈，在人类不参赛的前提下，最终获胜的是海豚。海豚有一颗发达的大脑。它们有自己的语言，能和同伴相互交流。

最慢的哺乳动物——树懒

这是一项不太光彩的荣誉，最终获胜的是树懒。很多动物为了生存都想追求更快的速度，可树懒却慢得出奇。逃跑时，它每秒只能移动约20厘米。不过，这也是它独特的求生之道。

醒醒，给你发奖牌啦！

挑战

生物达人 小测试

　　动物是多种多样的，我们平时看到的虫鱼鸟兽都是动物。你了解动物吗？知道它们是怎么分类的吗？又是怎么繁殖的呢？看完这本书后，来挑战一下吧！每道题目1分，看看你能得几分！

按要求选择正确的答案

1.环节动物与节肢动物的共同特点是（　　）。
　　A.具有外骨骼　　B.身体分节　　　C.具有贝壳　　D.足分节

2.无脊椎动物中唯一能飞的动物是（　　）。
　　A.猫头鹰　　　　B.昆虫　　　　　C.大雁　　　　D.海龟

3.鲫鱼主要是通过（　　）控制身体前进的方向。
　　A.胸鳍　　　　　B.腹鳍　　　　　C.臀鳍　　　　D.尾鳍

4.下列不属于爬行动物的是（　　）。
　　A.蜥蜴　　　　　B.变色龙　　　　C.蝾螈　　　　D.海龟

5.下面四个成语都与动物有关，其中涉及的都属于恒温动物的成语是（　　）。
　　A.蛛丝马迹　　　B.鸡犬不宁　　　C.鹬蚌相争　　D.虎头蛇尾

判断正误

6.线形动物和环节动物的身体都是两侧对称的。（　　）

7.水中生活的生物都用鳃呼吸。（　　）

8.鸟类和哺乳动物的体温是相对恒定的。（　　）

在横线上填入正确的答案

9.动物根据有没有脊椎骨被划分为＿＿＿＿＿＿和＿＿＿＿＿＿。

10.哺乳动物和鸟类的体温不会随着环境温度的变化而改变，是＿＿＿＿＿动物；其他动物的体温会随着环境的变化而变化，是＿＿＿＿＿动物。

你的生物达人水平是……

哇，满分哦！恭喜你成为生物达人！说明你认真地读过本书并掌握了重要的知识点，可以自豪地向朋友展示你的实力了！

成绩不错哦！不过，学习就是要多记重点、要点，要善于归纳问题，将错题再核对一下吧！

这本书的内容非常精彩，而且有些知识点在我们以后的学习中还会用到的哦！所以，再加油好好去学一下吧！

分数有点儿低哦！动物确实很复杂，种类也多，那就再仔细阅读一下本书的内容吧！相信你会有新的收获。

答案：1.B 2.B 3.D 4.C 5.B 6.√ 7.× 8.√ 9.无脊椎动物/脊椎动物 10.恒温/变温

35

词汇表

动物

动物不能自己制造营养物质，而是通过摄取其他有机物来获得营养，它们有感觉，可以自主运动。

脊椎

动物背部中央一根由骨头组成的"柱子"，又称为脊柱。

寄生

两种生物生活在一起，一方受益，另一方受害，受害的一方为受益的一方提供食物和居住场所。

鱼鳍

鱼类用来游泳和保持身体平衡的器官，比如背鳍、胸鳍、尾鳍等。

鱼鳃

鱼的呼吸器官，水从口进入，从鱼鳃流出，鱼鳃吸入氧气，排出二氧化碳。

鱼鳔

鱼体内可以容纳气体的泡状器官，帮助鱼在水中升降、辅助呼吸、保护内脏。

变温动物

体温会随着环境温度的改变而改变的动物，比如鱼类、两栖动物、爬行动物。

气囊

鸟类的重要呼吸系统。